Zeitspannen

Ergänze die fehlenden Minuten bis zur nächsten vollen Stunde.

15:35 Uhr	+ 5 min →	15:40 Uhr	+ 20 min →	16:00 Uhr	25 min
9:05 Uhr	+ →		+ →		
21:19 Uhr	+ →		+ →		
10:15 Uhr	+ →		+ →		
9:33 Uhr	+ →		+ →		
7:28 Uhr	+ →		+ →		

17:33 Uhr	+ →		+ →		
14:42 Uhr	+ →		+ →		
11:05 Uhr	+ →		+ →		
13:55 Uhr	+ →		+ →		
16:47 Uhr	+ →		+ →		
20:25 Uhr	+ →		+ →		

Zeitspannen

Ergänze die fehlenden Minuten bis zur nächsten vollen Stunde.

15:35 Uhr	+ 5 min →	15:40 Uhr	+ 20 min →	16:00 Uhr	25 min
9:05 Uhr	+ 5 min →	9:10 Uhr	+ 50 min →	10:00 Uhr	55 min
21:19 Uhr	+ 1 min →	21:20 Uhr	+ 40 min →	22:00 Uhr	41 min
10:15 Uhr	+ 5 min →	10:20 Uhr	+ 40 min →	11:00 Uhr	45 min
9:33 Uhr	+ 7 min →	9:40 Uhr	+ 20 min →	10:00 Uhr	27 min
7:28 Uhr	+ 2 min →	7:30 Uhr	+ 30 min →	8:00 Uhr	32 min

17:33 Uhr	+ 7 min →	17:40 Uhr	+ 20 min →	18:00 Uhr	27 min
14:42 Uhr	+ 8 min →	14:50 Uhr	+ 10 min →	15:00 Uhr	18 min
11:05 Uhr	+ 5 min →	11:10 Uhr	+ 50 min →	12:00 Uhr	55 min
13:55 Uhr	+ 5 min →	14:00 Uhr	+ 0 min →	14:00 Uhr	5 min
16:47 Uhr	+ 3 min →	16:50 Uhr	+ 10 min →	17:00 Uhr	13 min
20:25 Uhr	+ 5 min →	20:30 Uhr	+ 30 min →	21:00 Uhr	35 min

Lösungsseite

Rechnen mit Geld

Rechne aus, was du bezahlen musst, wenn du einkaufen gehst.

1 Flasche Saft und Kekse:	2 € + 1 € = €
Kekse und 1 Saft:	
1 T-Shirt und 1 Kappe:	
1 Ball und 2 Fahnen:	
5 Flaschen Saft:	
4 T-Shirts:	

Rechnen mit Geld

Lösungsseite

Rechne aus, was du bezahlen musst, wenn du einkaufen gehst.

1 Flasche Saft und Kekse: 2 € + 1 € = 3 €

Kekse und 1 Saft: 1 € + 2 € = 3 €

1 T-Shirt und 1 Kappe: 20 € + 5 € = 25 €

1 Ball und 2 Fahnen: 15 € + 1 € = 16 €

5 Flaschen Saft: 2 € · 5 = 10 €

4 T-Shirts: 20 € · 4 = 80 €

Rechnen mit Geld

Unterstreiche in den Textaufgaben, was wichtig ist. Finde die Frage.
Schreibe die Aufgabe und antworte mit einem Satz.

Pia wünscht sich zum Geburtstag Inlineskates.
Sie wird 10 Jahre alt. Die Schuhe kosten 165 €.
Pias Mutter meint, dass sie auch unbedingt
Arm- und Knieschoner braucht. Sie kosten 45 €.

Frage: ______________________________

____

Rechnung:

Antwort: ______________________________

Sie braucht noch einen neuen Helm.
Er kostet 35 €.

Antwort: ______________________________

Rechnen mit Geld

Unterstreiche in den Textaufgaben, was wichtig ist. Finde die Frage. Schreibe die Aufgabe und antworte mit einem Satz.

Pia wünscht sich zum Geburtstag Inlineskates. Sie wird 10 Jahre alt. Die Schuhe kosten 165 €. Pias Mutter meint, dass sie auch unbedingt Arm- und Knieschoner braucht. Sie kosten 45 €.

Frage: Was kostet die ganze Ausrüstung?

Rechnung:

		1	6	5	€				2	1	0	€
	+	$_1$	4$_1$	5	€			+		3	5	€
		2	1	0	€				2	4	5	€

Antwort: Sie kostet 210 €.

Sie braucht noch einen neuen Helm. Er kostet 35 €.

Antwort: Nun kostet alles 245 €.

Lösungsseite

Längen (mm und cm)

Rechne die Maßangaben um.

	2	cm	=		2	0	mm	
	6	cm	=					
	5	cm	=					
3	0	cm	=					
	7	cm	=					
2	6	cm	=					
9	1	cm	=					
6	5	cm	=					
8	1	cm	=					
4	4	cm	=					

	4	5	mm	=		4	cm	+	5	mm	
1	0	3	mm	=							
	6	8	mm	=							
		4	mm	=							
	7	2	mm	=							
2	0	1	mm	=							
1	2	2	mm	=							
	8	9	mm	=							
4	0	3	mm	=							
	5	6	mm	=							

Längen (mm und cm)

Rechne die Maßangaben um.

	2	cm	=		2	0	mm
	6	cm	=		6	0	mm
	5	cm	=		5	0	mm
3	0	cm	=	3	0	0	mm
	7	cm	=		7	0	mm
2	6	cm	=	2	6	0	mm
9	1	cm	=	9	1	0	mm
6	5	cm	=	6	5	0	mm
8	1	cm	=	8	1	0	mm
4	4	cm	=	4	4	0	mm

Lösungsseite

	4	5	mm	=		4	cm	+	5	mm
1	0	3	mm	=	1	0	cm	+	3	mm
	6	8	mm	=		6	cm	+	8	mm
		4	mm	=					4	mm
	7	2	mm	=		7	cm	+	2	mm
2	0	1	mm	=	2	0	cm	+	1	mm
1	2	2	mm	=	1	2	cm	+	2	mm
	8	9	mm	=		8	cm	+	9	mm
4	0	3	mm	=	4	0	cm	+	3	mm
	5	6	mm	=		5	cm	+	6	mm

Längen (cm und m)

Wandle die Maßangaben um.

70 cm = 0 m + 70 cm
1132 cm = ____________
1001 cm = ____________
496 cm = ____________

200 cm = ______ m
600 cm = ______ m
1300 cm = ______ m
700 cm = ______ m

Ergänze in der Tabelle die fehlenden Zahlen und Maßangaben. Hinter dem Komma stehen immer zwei Stellen (Zehner- und Einerzentimeter).

cm	m	cm	Kommazahl m
245 cm	2	45	2,45 m
613 cm			
	5	38	
1151 cm			
	16	59	
	2	1	
65 cm			

Längen (cm und m)

Wandle die Maßangaben um.

70 cm =	0 m	+ 70 cm
1132 cm =	11 m	+ 32 cm
1001 cm =	10 m	+ 1 cm
496 cm =	4 m	+ 96 cm

200 cm =	2	m
600 cm =	6	m
1300 cm =	13	m
700 cm =	7	m

Lösungsseite

Ergänze in der Tabelle die fehlenden Zahlen und Maßangaben. Hinter dem Komma stehen immer zwei Stellen (Zehner- und Einerzentimeter).

cm	m	cm	Kommazahl m
245 cm	2	45	2,45 m
613 cm	6	13	6,13 m
538 cm	5	38	5,38 m
1151 cm	11	51	11,51 m
1659 cm	16	59	16,59 m
201 cm	2	1	2,01 m
65 cm	0	65	0,65 m

Längen (m und km)

Ergänze in der Tabelle die fehlenden Zahlen.

km/m	km	m	Kommazahl km
1 km 250 m	1	250	1,250 km
6 km 370 m			
	3	125	
			17,638 km
	1	17	

Wandle die Kommazahlen um.

4,5 km = 4 km 500 m

6,3 km =

7,0 km =

0,4 km =

17,3 km =

Wandle in Kommazahlen um.

4 km 567 m =

10 km 345 m = 10,345 km

9 km 775 m =

236 m =

Längen (m und km)

Ergänze in der Tabelle die fehlenden Zahlen.

km/m	km	m	Kommazahl km
1 km 250 m	1	250	1,250 km
6 km 370 m	6	370	6,370 km
3 km 125 m	3	125	3,125 km
17 km 638 m	17	638	17,638 km
1 km 17 m	1	17	1,017 km

Lösungsseite

Wandle die Kommazahlen um.

4,5 km = 4 km 500 m

6,3 km = 6 km 300 m

7,0 km = 7 km

0,4 km = 400 m

17,3 km = 17 km 300 m

Wandle in Kommazahlen um.

4 km 567 m = 4,567 km

10 km 345 m = 10,345 km

9 km 775 m = 9,775 km

236 m = 0,236 km

Rechnen mit Längen

Lies die Sachaufgabe. Finde die Frage, die Rechnung und die Antwort.

Der Parkplatz wird eingezäunt. Er ist 15 m lang und 18 m breit. Für die Einfahrt bleiben 5 m frei. Dort wird das Tor eingebaut. Der Rest wird mit einem Holzzaun eingezäunt.

Frage:

Rechenart:

Rechnung:

Antwort:

Rechnen mit Längen

Lies die Sachaufgabe. Finde die Frage, die Rechnung und die Antwort.

Der Parkplatz wird eingezäunt. Er ist 15 m lang und 18 m breit. Für die Einfahrt bleiben 5 m frei. Dort wird das Tor eingebaut. Der Rest wird mit einem Holzzaun eingezäunt.

Frage: Wie viel Meter Holzzaun werden benötigt?

Rechenart: · · + –

Rechnung:

1	5	m	·	2	=	3	0	m		
1	8	m	·	2	=	3	6	m		
3	0	m	+	3	6	m	=	6	6	m
6	6	m	–		5	m	=	6	1	m

Antwort: Es werden 61 m Holzzaun benötigt.

Lösungsseite

Labyrinth

Paul möchte die Burg besichtigen.
Zeichne ein, wie er dorthin fährt.

Labyrinth

e oder ä?

Trage die fehlenden Buchstaben ein. Wenn du ein verwandtes Wort mit **a** findest, schreibe es auf.

das Gefängnis gefangen

das M__sser

m__nnlich

sie tr__gt

__ngstlich

l__cheln

t__glich

er l__gt

m__chtig

sie s__geln

er ber__t

das Gel__nde

kl__glich

der H__ld

Weg

e oder ä?

Trage die fehlenden Buchstaben ein. Wenn du ein verwandtes Wort mit **a** findest, schreibe es auf.

das Gefängnis	gefangen
das Messer	–
männlich	der Mann
sie trägt	tragen
ängstlich	die Angst
lächeln	das Lachen
täglich	der Tag
er legt	–
mächtig	die Macht
sie segeln	–
er berät	beraten
das Gelände	das Land
kläglich	die Klage
der Held	–
Weg	–

Lösungsseite

au und äu

Welche Wörter gehören zusammen?
Nummeriere sie und schreibe sie auf.

1 säubern
2 läuten
3 das Gebäude
4 schäumen
5 die Bäuerin
6 säuerlich
7 das Gemäuer
8 träumen
9 käuflich
10 der Läufer
11 räuchern
12 der Räuber

Schreibe immer **äu,** wenn du ein verwandtes Wort mit **au** findest.

rauben
der Schaum
1 sauber
bauen
kaufen
der Traum
sauer
der Bauer
der Rauch
die Mauer
laufen
laut

1 säubern – sauber,

Rechtschreibung

au und äu

Welche Wörter gehören zusammen?
Nummeriere sie und schreibe sie auf.

- 1 säubern
- 2 läuten
- 3 das Gebäude
- 4 schäumen
- 5 die Bäuerin
- 6 säuerlich
- 7 das Gemäuer
- 8 träumen
- 9 käuflich
- 10 der Läufer
- 11 räuchern
- 12 der Räuber

- 12 rauben
- 4 der Schaum
- 1 sauber
- 3 bauen
- 9 kaufen
- 8 der Traum
- 6 sauer
- 5 der Bauer
- 11 der Rauch
- 7 die Mauer
- 10 laufen
- 2 laut

1 säubern – sauber, 2 läuten – laut,
3 das Gebäude – bauen, 4 schäumen – der Schaum,
5 die Bäuerin – der Bauer, 6 säuerlich – sauer,
7 das Gemäuer – die Mauer,
8 träumen – der Traum, 9 käuflich – kaufen,
10 der Läufer – laufen, 11 räuchern – der Rauch,
12 der Räuber – rauben

Lösungsseite

Kurz gesprochene Vokale (Selbstlaute)

Ergänze in den Wörtern die fehlenden Vokale und sprich die Reimwörter.
Markiere kurze Vokale mit einem Punkt.

die B a nk
der Schr ___ nk

das Z ___ lt
die W ___ lt

die W ___ rst
der D ___ rst

der F ___ sch
der T ___ sch

die W ___ nd
der S ___ nd

der K ___ pf
der T ___ pf

das W ___ rt
der H ___ rt

der T ___ rm
der W ___ rm

der H ___ nd
der M ___ nd

der P ___ lz
der F ___ lz

Kurz gesprochene Vokale (Selbstlaute)

Ergänze in den Wörtern die fehlenden Vokale und sprich die Reimwörter. Markiere kurze Vokale mit einem Punkt.

die Bank
der Schrank

das Zelt
die Welt

die Wurst
der Durst

der Fisch
der Tisch

die Wand
der Sand

der Kopf
der Topf

das Wort
der Hort

der Turm
der Wurm

der Hund
der Mund

der Pilz
der Filz

Lösungsseite

Wörter mit ck

Immer drei Wörter gehören zusammen: Nomen, Verb und Adjektiv.
Schreibe sie auf.

Backwaren, backen, frischgebacken

Wörter mit ck

Immer drei Wörter gehören zusammen: Nomen, Verb und Adjektiv.
Schreibe sie auf.

Nach einem kurzen Vokal (Selbstlaut) schreibe **ck.**

ck ist die Verdopplung von **k.**

Lösungsseite

Backwaren, backen, frischgebacken
Wackelpudding, wackeln, wackelig
Dreck, verdrecken, dreckig
Trockenheit, trocknen, trocken
Trick, tricksen, trickreich
Zucker, zuckern, zuckersüß
Leckereien, lecken, lecker
Knäckebrot, knacken, knackig

Wörter mit tz

Schreibe die Wörter in den richtigen Kasten.

> Schreibe nach einem kurzen Vokal **tz,** denn **z** wird so verdoppelt.

schwitzen

kitzelig witzig

spritzen Spatz

kratzen Platz Satz schmatzen

Katze

trotzig putzen schmutzig

Hitze sitzen

nützlich

plötzlich Mütze ~~Blitz~~

Nomen

Blitz,

Verben

Adjektive

Rechtschreibung

Wörter mit tz

Schreibe die Wörter in den richtigen Kasten.

schwitzen kitzelig witzig spritzen Spatz kratzen Platz Satz schmatzen Katze trotzig putzen schmutzig Hitze sitzen nützlich plötzlich Mütze Blitz

Lösungsseite

Nomen

Blitz, Katze,
Spatz, Platz,
Satz, Hitze,
Mütze

Verben

schwitzen,
spritzen,
kratzen,
putzen,
schmatzen,
sitzen

Adjektive

kitzelig,
witzig,
trotzig,
schmutzig,
plötzlich,
nützlich

d oder t am Wortende?

Ergänze, was fehlt.

1. das bunte Bild
   Das Bild ist bunt.

2. der runde Mond
   Der Mond ist

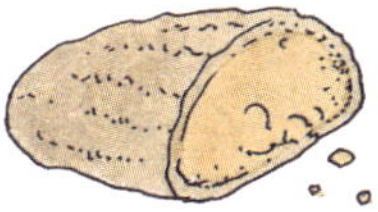

3. das harte Brot
   Das Brot ist
4. das gesunde Kind
   Das Kind ist

5. das wilde Pferd
   Das Pferd
6. das rote Kleid
   Das Kleid

7. das kalte Eis
   Das Eis
8. der wütende Stier
   Der Stier

Verlängere die Wörter, dann hörst du, welchen Buchstaben du einsetzen musst.

d oder t am Wortende?

Ergänze, was fehlt.

1. das bunte Bild
   Das Bild ist bunt.

2. der runde Mond
   Der Mond ist rund.

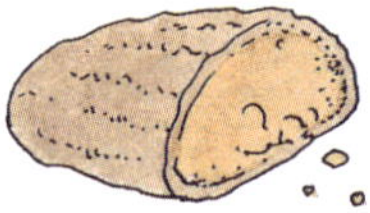

3. das harte Brot
   Das Brot ist hart.
4. das gesunde Kind
   Das Kind ist gesund.

5. das wilde Pferd
   Das Pferd ist wild.

6. das rote Kleid
   Das Kleid ist rot.

7. das kalte Eis
   Das Eis ist kalt.
8. der wütende Stier
   Der Stier ist wütend.

g oder k am Wortende?

Bilde die Sätze in der **wir**-Form im Präteritum. Ergänze dann den fehlenden Buchstaben im Verb.

Wir lagen im Gras.

Der Junge lag im Gras.

Wir ______________________________.

Der Vogel flo__ fort.

Wir ______________________________.

Der Dieb schlu__ die Scheibe ein.

Wir ______________________________.

Der Kater erschra__.

Wir ______________________________.

Der Bus bo__ um die Ecke.

Wir ______________________________.

Das Kind tran__ die Milch.

g oder k am Wortende?

Bilde die Sätze in der **wir**-Form im Präteritum. Ergänze dann den fehlenden Buchstaben im Verb.

Wir lagen im Gras.

Der Junge lag im Gras.

Wir flogen fort.

Der Vogel flog fort.

Wir schlugen die Scheibe ein.

Der Dieb schlug die Scheibe ein.

Wir erschraken.

Der Kater erschrak.

Wir bogen um die Ecke.

Der Bus bog um die Ecke.

Wir tranken die Milch.

Das Kind trank die Milch.

Findest du heraus, wie die Sätze vollständig heißen? Schreibe sie auf.

1. Dagobert Duck glaubte, …
2. Rotkäppchen hoffte, …
3. Schneewittchen wünschte sich, …
4. Das Sams wusste, …

… **dass** seine Wunschpunkte echt waren.
… **dass** es bei den Zwergen bleiben durfte.
… **dass** er am reichsten war.
… **dass** seine Großmutter gesund war.

1. Dagobert Duck

Wenn du das Wort **dass** nicht durch **dieses** oder **welches** ersetzen kannst, schreibe **ss.**

Rechtschreibung

dass

Findest du heraus, wie die Sätze vollständig heißen? Schreibe sie auf.

1. Dagobert Duck glaubte, …
2. Rotkäppchen hoffte, …
3. Schneewittchen wünschte sich, …
4. Das Sams wusste, …

… **dass** seine Wunschpunkte echt waren.
… **dass** es bei den Zwergen bleiben durfte.
… **dass** er am reichsten war.
… **dass** seine Großmutter gesund war.

Lösungsseite

1. Dagobert Duck glaubte, dass er am reichsten war.
2. Rotkäppchen hoffte, dass seine Großmutter gesund war.
3. Schneewittchen wünschte sich, dass es bei den Zwergen bleiben durfte.
4. Das Sams wusste, dass seine Wunschpunkte echt waren.

Wenn du das Wort **dass** nicht durch **dieses** oder **welches** ersetzen kannst, schreibe **ss.**

Mini-Memorix

Schneide die Kärtchen auseinander. Du kannst damit Memorix spielen.
Immer zwei Kärtchen mit dem gleichen Motiv gehören zusammen.
Bewahre die Kärtchen in einer Schachtel auf.

Mini-Memorix

Gewichte (g und kg)

Trage die Gewichte in die Stellenwerttabelle ein und rechne sie in Kilogramm um.

	Kilo	Gramm			
		H	Z	E	
25 kg 250 g	25	2	5	0	= 25,250 kg
1 kg 525 g					
2 kg 552 g					
525 g					
250 g					
12 kg 525 g					
5 kg 520 g					
1 kg 502 g					
5 g					

Schreibe als Kommazahl.

1	kg	2	3	0	g	=						kg
2	kg	4	2	0	g	=						
3	kg	3	3	0	g	=						
4	kg	6	7	0	g	=						
5	kg	5	6	0	g	=						
6	kg	3	1	0	g	=						

Gewichte (g und kg)

Trage die Gewichte in die Stellenwerttabelle ein und rechne sie in Kilogramm um.

	Kilo	Gramm			
		H	Z	E	
25 kg 250 g	25	2	5	0	= 25,250 kg
1 kg 525 g	1	5	2	5	= 1,525 kg
2 kg 552 g	2	5	5	2	= 2,552 kg
525 g	0	5	2	5	= 0,525 kg
250 g	0	2	5	0	= 0,250 kg
12 kg 525 g	12	5	2	5	= 12,525 kg
5 kg 520 g	5	5	2	0	= 5,520 kg
1 kg 502 g	1	5	0	2	= 1,502 kg
5 g	0	0	0	5	= 0,005 kg

Lösungsseite

Schreibe als Kommazahl.

1	kg	2	3	0	g	=	1,	2	3	0	kg
2	kg	4	2	0	g	=	2,	4	2	0	kg
3	kg	3	3	0	g	=	3,	3	3	0	kg
4	kg	6	7	0	g	=	4,	6	7	0	kg
5	kg	5	6	0	g	=	5,	5	6	0	kg
6	kg	3	1	0	g	=	6,	3	1	0	kg

Gewichte (kg und t)

Schreibe als Kommazahlen in t.

	2	3	t	0	0	0	kg	=	2	3,	0	0	0	t		
			1	1	2	3	kg	=								
			4	t	2	3	kg	=								
			1	0	t	1	kg	=								
			6	t	6	6	kg	=								
		1	t	5	5	5	kg	=								
			2	t	6	4	kg	=								
		4	t	7	8	5	kg	=								
		6	t	4	5	1	kg	=								
	1	2	t	3	0	4	kg	=								

Ordne die Gewichtsangaben. Beginne mit dem kleinsten Gewicht.

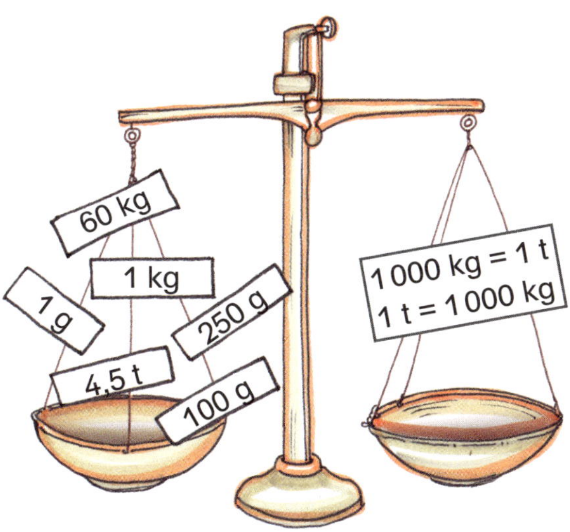

1. ________
2. ________
3. ________
4. ________
5. ________
6. ________

Gewichte (kg und t)

Schreibe als Kommazahlen in t.

23 t 000 kg	=	23,000 t
1123 kg	=	1,123 t
4 t 23 kg	=	4,023 t
10 t 1 kg	=	10,001 t
6 t 66 kg	=	6,066 t
1 t 555 kg	=	1,555 t
2 t 64 kg	=	2,064 t
4 t 785 kg	=	4,785 t
6 t 451 kg	=	6,451 t
12 t 304 kg	=	12,304 t

Ordne die Gewichtsangaben. Beginne mit dem kleinsten Gewicht.

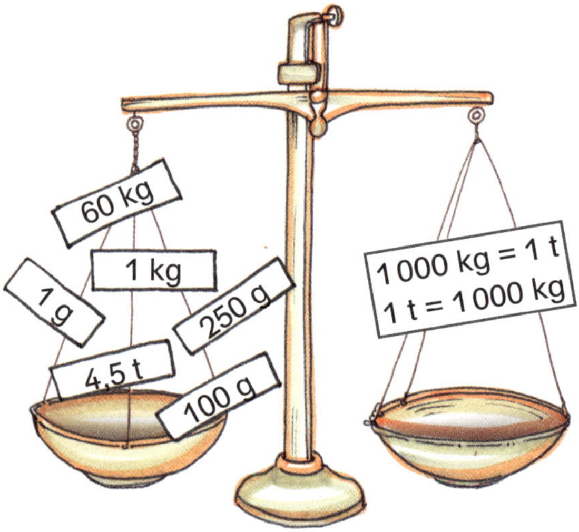

1. 1 g
2. 100 g
3. 250 g
4. 1 kg
5. 60 kg
6. 4,5 t

Gewichte umrechnen

Ergänze die fehlenden Gewichte.

1 kg	
400 g +	600 g
60 g +	g
765 g +	g
282 g +	g
350 g +	g
180 g +	g

1 t	
600 kg +	kg
52 kg +	kg
440 kg +	kg
98 kg +	kg
700 kg +	kg
320 kg +	kg

Gewichte umrechnen

Ergänze die fehlenden Gewichte.

1 kg		
400 g	+	600 g
60 g	+	940 g
765 g	+	235 g
282 g	+	718 g
350 g	+	650 g
180 g	+	820 g

1 t		
600 kg	+	400 kg
52 kg	+	948 kg
440 kg	+	560 kg
98 kg	+	902 kg
700 kg	+	300 kg
320 kg	+	680 kg

Lösungsseite

Rechnen mit Gewichten

Lies die Aufgaben und rechne sie aus. Überlege zuerst genau, ob du plus- oder minusrechnen musst. Kreise das richtige Zeichen ein.

1. Ein LKW wiegt leer 3,5 t. Er hat 4 t 262 kg geladen. Wie ist sein Gesamtgewicht?
   Ich rechne + − ______________________

2. Das Gesamtgewicht eines großen Sattelzuges beträgt 40 t. Er hat 15 t 236 kg geladen. Wie ist sein Leergewicht?
   Ich rechne + − ______________________

3. Ein Tankwagen hat 38 t 750 kg Gesamtgewicht. Er wiegt leer 15,9 t. Wie schwer ist seine Nutzlast?
   Ich rechne + − ______________________

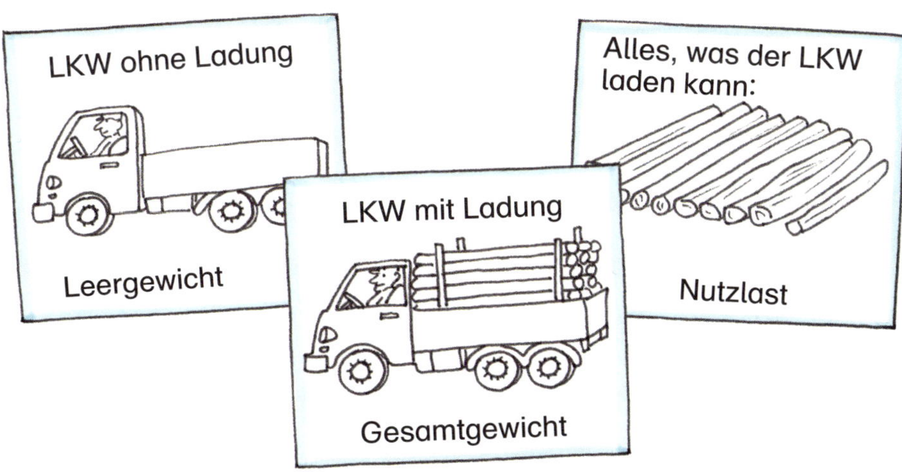

Größen und Geometrie

Rechnen mit Gewichten

Lies die Aufgaben und rechne sie aus. Überlege zuerst genau, ob du plus- oder minusrechnen musst. Kreise das richtige Zeichen ein.

1. Ein LKW wiegt leer 3,5 t. Er hat 4 t 262 kg geladen. Wie ist sein Gesamtgewicht?
   Ich rechne (+) – 3,500 t + 4,262 t = 7,762 t

2. Das Gesamtgewicht eines großen Sattelzuges beträgt 40 t. Er hat 15 t 236 kg geladen. Wie ist sein Leergewicht?
   Ich rechne + (–) 40,000 t – 15,236 t = 24,764 t

3. Ein Tankwagen hat 38 t 750 kg Gesamtgewicht. Er wiegt leer 15,9 t. Wie schwer ist seine Nutzlast?
   Ich rechne + (–) 38,750 t – 15,900 t = 22,850 t

Lösungsseite

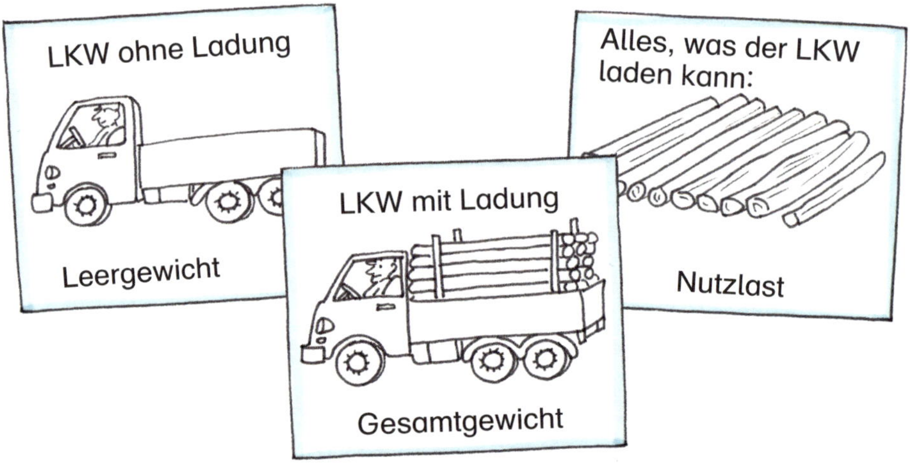

Geometrische Körper

Schreibe unter die Körper die richtigen Namen.

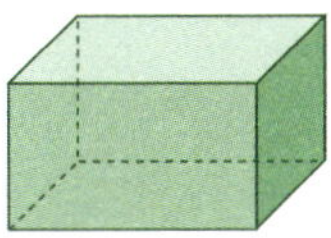

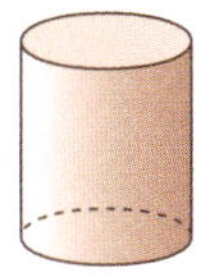

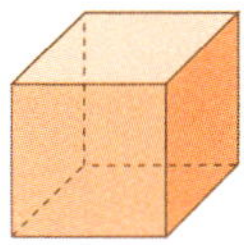

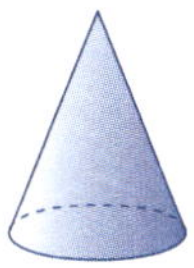

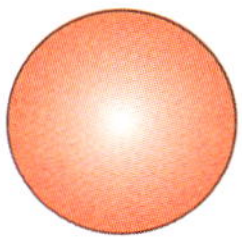

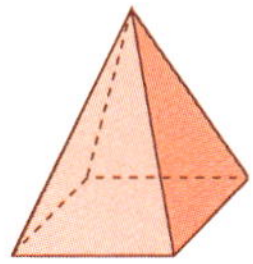

Fülle die Tabelle aus.

	Würfel	Quader	Kegel	Zylinder	Kugel	Pyramide
Klopapierrolle						
Buch		X				
Tennisball						
Globus						
Schuhkarton						
Zuckerhut						
Orangengetränk						

Geometrische Körper

Lösungsseite

Schreibe unter die Körper die richtigen Namen.

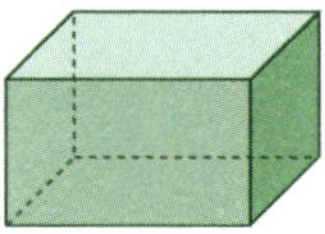

Quader

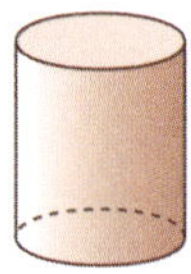

Zylinder

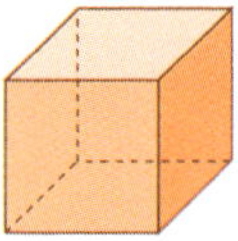

Würfel

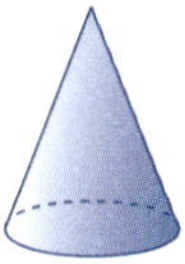

Kegel

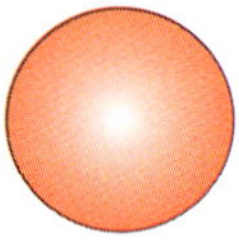

Kugel

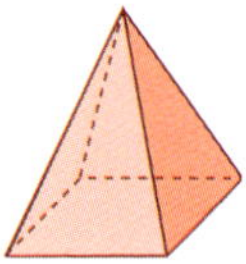

Pyramide

Fülle die Tabelle aus.

	Würfel	Quader	Kegel	Zylinder	Kugel	Pyramide
Klopapierrolle				X		
Buch		X				
Tennisball					X	
Globus					X	
Schuhkarton		X				
Zuckerhut			X			
Orangengetränk		X				

Würfelnetze

Klappe die Würfel in Gedanken zusammen. Welche Flächen liegen sich gegenüber? Male sie in der gleichen Farbe an.

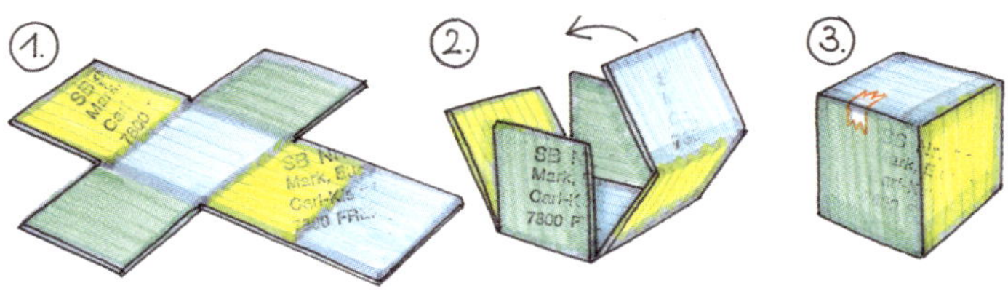

Würfelnetze

Klappe die Würfel in Gedanken zusammen. Welche Flächen liegen sich gegenüber? Male sie in der gleichen Farbe an.

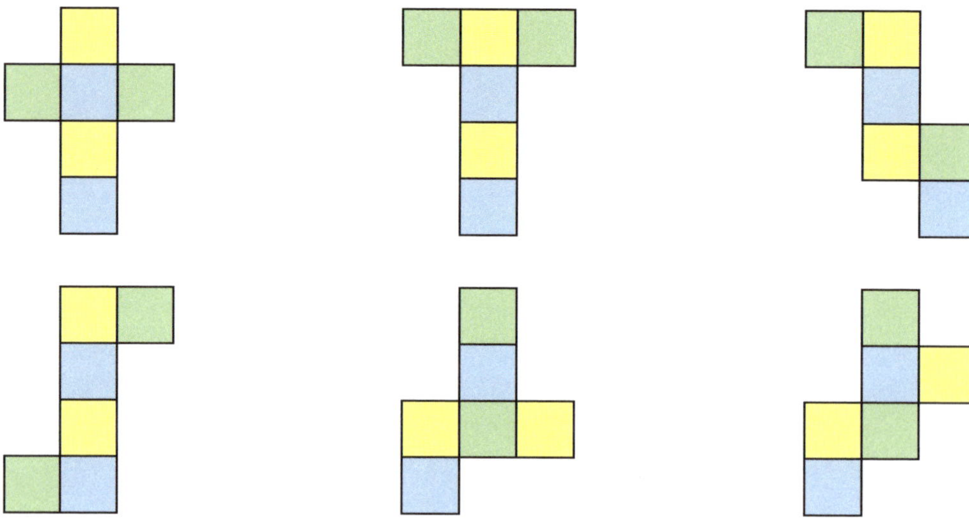

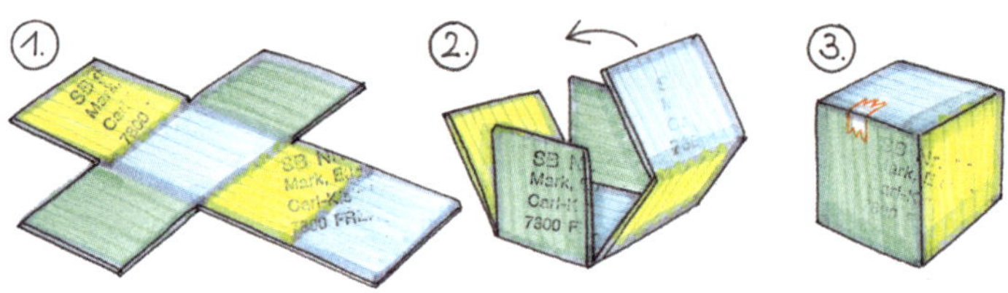

Lösungsseite

Baupläne von Würfelgebäuden

Welche Baupläne gehören zu den Würfelgebäuden?
Verbinde, was zusammenpasst.

A

2	2	2
2	2	1
2	1	1

B

3
4

C

1	1	
1	2	1
1	1	1

D

2	2	
2	1	1
1	1	1

2

1

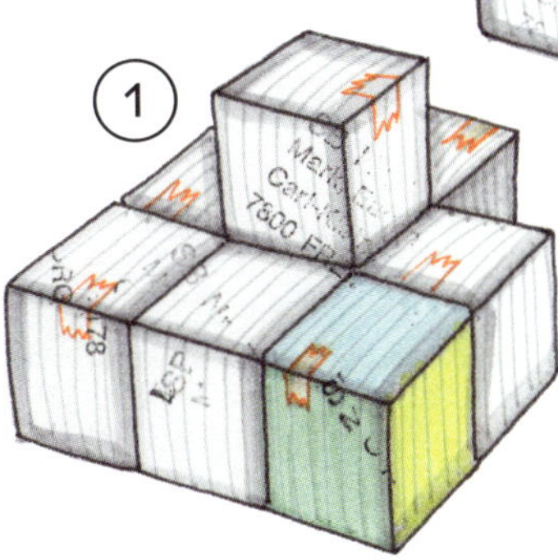

3

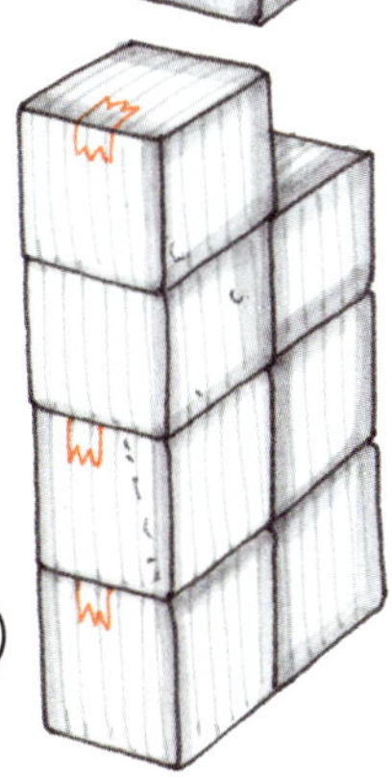

4

Baupläne von Würfelgebäuden

Welche Baupläne gehören zu den Würfelgebäuden?
Verbinde, was zusammenpasst.

A

2	2	2
2	2	1
2	1	1

B

3
4

C

1	1	
1	2	1
1	1	1

D

2	2	
2	1	1
1	1	1

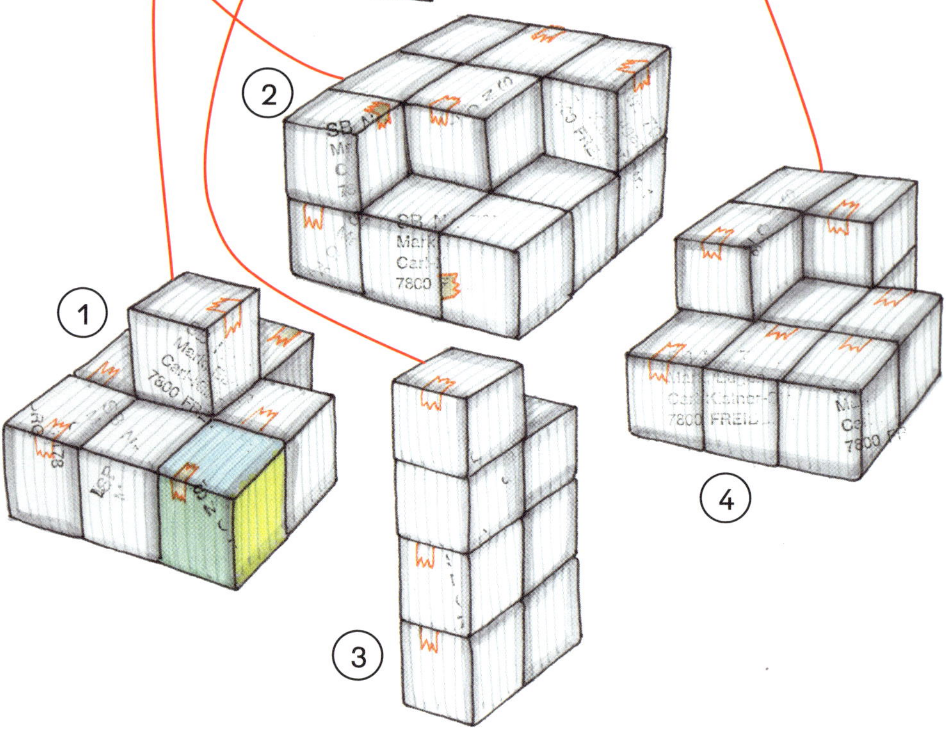

Lösungsseite

Achsensymmetrie

Welche Figuren sind symmetrisch? Male sie an und zeichne die Symmetrieachsen ein.

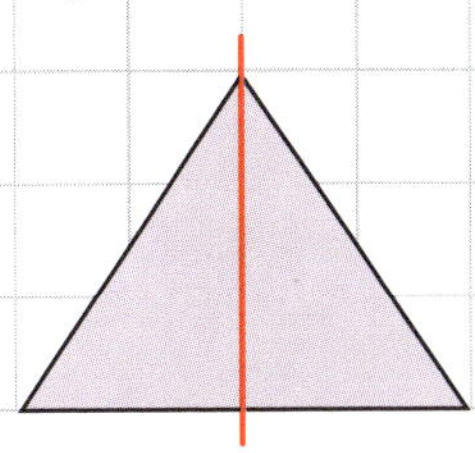

Achsensymmetrie

Welche Figuren sind symmetrisch? Male sie an und zeichne die Symmetrieachsen ein.

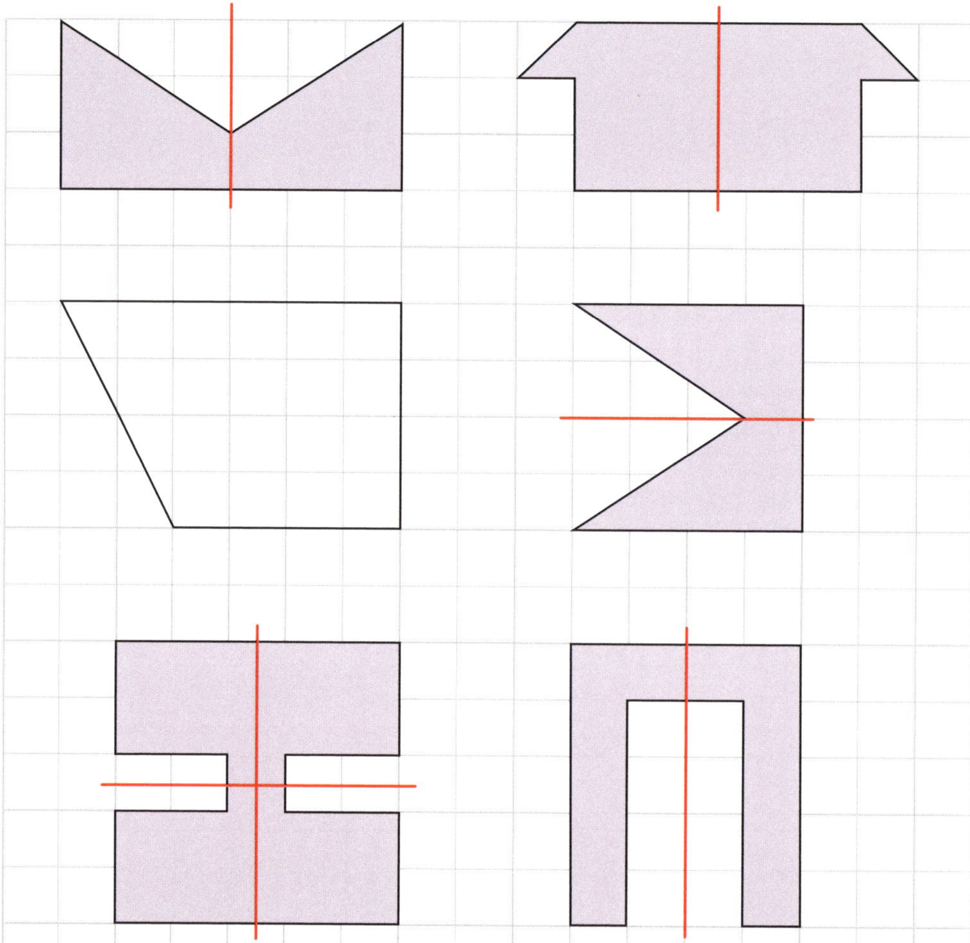

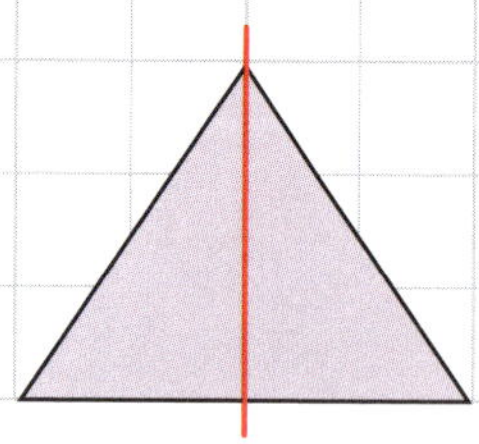

Zimmer frei

Bei diesem Spiel versucht jeder Mitspieler, möglichst viele Quadrate zu zeichnen. Dafür zeichnen die Spieler abwechselnd einen Strich, der immer zwei Punkte miteinander verbindet. Die Striche können waagerecht oder senkrecht verlaufen. Wer den letzten Strich am Quadrat gemacht hat, darf es in seiner Farbe anmalen. Wer am Schluss die meisten Quadrate hat, hat gewonnen.

Zimmer frei

Hier kannst du ein weiteres Mal spielen.

Am Samstag bei Familie Lustig

In dem Text auf den Seiten 127 und 129 stimmt etwas nicht!
Unterstreiche die falschen Wörter.

Am Samstag bei Familie Lustig

Samstags sind bei Familie Lustig alle zu Hause. Vater locht das Mittagessen. Er bereitet Tischstäbchen mit Reis und Salat zu.

Mutter stört die Nachrichten und bügelt dabei Rosen.

Lotta will noch schnell ihre Haare naschen und baden.

Sie lässt Wasser in die Pfanne laufen. Ihr Bruder Tom faltet den Fernseher an, weil er einen Bierfilm sehen möchte.

Der kleine Benni buckelt an seinem Fläschchen.

Fackel Waldi, der Hund der Familie, spielt mit seinem Rock.

Er bringt ihn zur Laustür und bellt, weil er nach draußen in den Quark laufen will.

Nun tingelt es an der Tür. Es ist die Nachbarin.

Sie hat gestern ein Säckchen von der Post angenommen.

Lottas Spatentante schickt es ihr zum Geburtstag.

(Fortsetzung S. 129)

Am Samstag bei Familie Lustig

In dem Text auf den Seiten 127 und 129 stimmt etwas nicht!
Unterstreiche die falschen Wörter.

Am Samstag bei Familie Lustig

Samstags sind bei Familie Lustig alle zu Hause. Vater locht das Mittagessen. Er bereitet Tischstäbchen mit Reis und Salat zu.

Mutter stört die Nachrichten und bügelt dabei Rosen.
Lotta will noch schnell ihre Haare naschen und baden.
Sie lässt Wasser in die Pfanne laufen. Ihr Bruder Tom faltet den Fernseher an, weil er einen Bierfilm sehen möchte.

Der kleine Benni buckelt an seinem Fläschchen.
Fackel Waldi, der Hund der Familie, spielt mit seinem Rock.
Er bringt ihn zur Laustür und bellt, weil er nach draußen in den Quark laufen will.
Nun tingelt es an der Tür. Es ist die Nachbarin.
Sie hat gestern ein Säckchen von der Post angenommen.
Lottas Spatentante schickt es ihr zum Geburtstag.

(Fortsetzung S. 130)

Lösungsseite

Am Samstag bei Familie Lustig

Das Telefon läutet. Großvater fragt, ob seine Brille vielleicht noch in ihrem Wohnzimmer fliegt.
Mutter und Tom buchen Opas Brille und finden sie im Flur auf dem Fisch.

Schreibe die unterstrichenen Wörter richtig auf.

kocht, Fischstalcken, hört, Hosen, warden, Wann schaltet, Tierfiem, nuckels, Dacke, Stock, Haustür, Park, klingelt, Päckcken, Patentante

Kocht, Fischstäbchen, hört, Hosen, warden, Wanne, schaltet, Tierfilm, nuckelt, Dackel, stock, Haustür, park, klingelt, Päckchen, Patentonte

Patentante

Am Samstag bei Familie Lustig

Das Telefon läutet. Großvater fragt, ob seine Brille vielleicht noch in ihrem Wohnzimmer fliegt. Mutter und Tom buchen Opas Brille und finden sie im Flur auf dem Fisch.

Schreibe die unterstrichenen Wörter richtig auf.

kocht, Fischstäbchen, hört, Hosen,
waschen, Wanne, schaltet, Tierfilm,
nuckelt, Dackel, Stock,
Haustür, Park, klingelt,
Päckchen, Patentante,
liegt, suchen, Tisch

Briefe schreiben

Überlege, an wen du schreiben willst, und beschrifte den Umschlag.

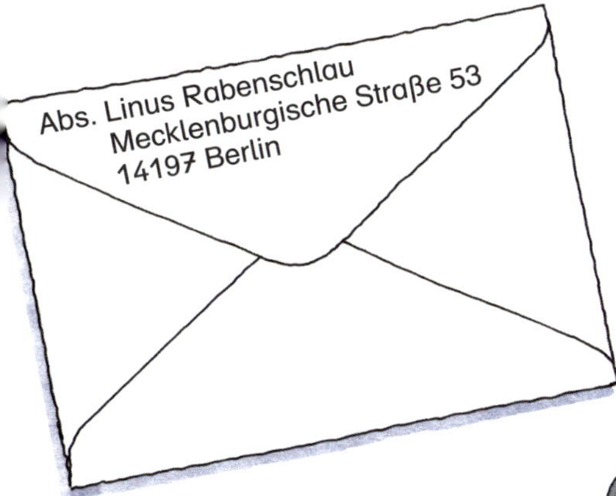

Lesen und Texte verfassen

Briefe schreiben

Überlege, an wen du schreiben willst, und beschrifte den Umschlag.

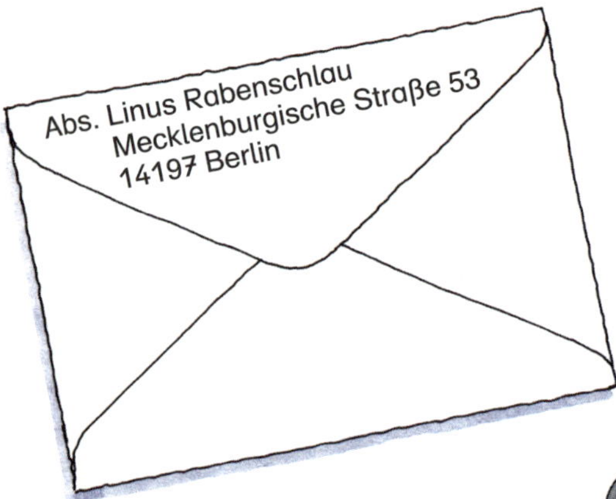

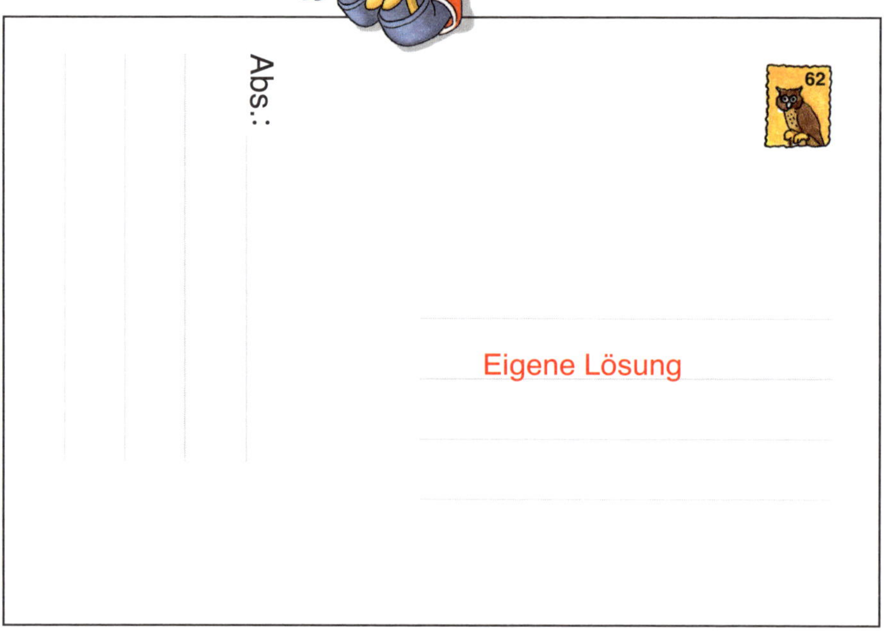

Lösungsseite

Briefe schreiben

Lies den Brief und überprüfe, ob Anton alle wichtigen Punkte beachtet hat. Kreuze sie an.

Anton Kurz 12. Mai 2015
Krummstück 17
22869 Schenefeld

Liebe Oma!
Wie geht es dir?
Gestern waren wir im Zoo.
Die Elefanten hatten ein Elefantenbaby. Das war ganz struppig. Schade, dass du nicht mitkommen konntest.

Viele Grüße
dein Anton

- ☐ Name und Adresse des Absenders
- ☐ Datum
- ☐ Schlussgruß
- ☐ Anrede
- ☐ Unterschrift
- ☐ Text

Du kannst die Anrede in Briefen auch großschreiben, also: Wie geht es **Dir?**

Briefe schreiben

Lies den Brief und überprüfe, ob Anton alle wichtigen Punkte beachtet hat. Kreuze sie an.

Anton Kurz 12. Mai 2015
Krummstück 17
22869 Schenefeld

Liebe Oma!
Wie geht es dir?
Gestern waren wir im Zoo.
Die Elefanten hatten ein Elefantenbaby. Das war ganz struppig. Schade, dass du nicht mitkommen konntest.

Viele Grüße
dein Anton

- ☒ Name und Adresse des Absenders
- ☒ Datum
- ☒ Schlussgruß
- ☒ Anrede
- ☒ Unterschrift
- ☒ Text

Du kannst die Anrede in Briefen auch großschreiben, also: Wie geht es **Dir?**

Argumentieren

Dackel Dolli und Kater Karlchen unterhalten sich, wer das bessere Leben hat. Schreibe ihre Argumente auf.

Dackel Dolli: Ich habe das bessere Leben, weil

Kater Karlchen: Ich habe das bessere Leben, weil

Argumentieren

Dackel Dolli und Kater Karlchen unterhalten sich, wer das bessere Leben hat. Schreibe ihre Argumente auf.

Dackel Dolli: Ich habe das bessere Leben, weil

Eigene Lösung

Kater Karlchen: Ich habe das bessere Leben, weil

Abenteuergeschichte

Schau dir die Wörter auf dieser Seite an. Schreibe damit eine Abenteuergeschichte. Füge passende Wörter hinzu.

Schatz
Pirat
Schiff

Palme
Strand
Sand

Baumstämme
Festung

Schmuck
Diamanten
Perlen
Silber
Gold
Geld

Felsen
Berg

Insel

Axt
Messer

Seil
Floß

Schatzsuche
Schatzkarte
Schatzhöhle
Schatztruhe

Abenteuergeschichte

Schau dir die Wörter auf dieser Seite an. Schreibe damit eine Abenteuergeschichte. Füge passende Wörter hinzu.

Eigene Lösung

Schatz
Pirat
Schiff

Palme
Strand
Sand

Baumstämme
Festung

Schmuck
Diamanten
Perlen
Silber
Gold
Geld

Felsen
Berg

Insel

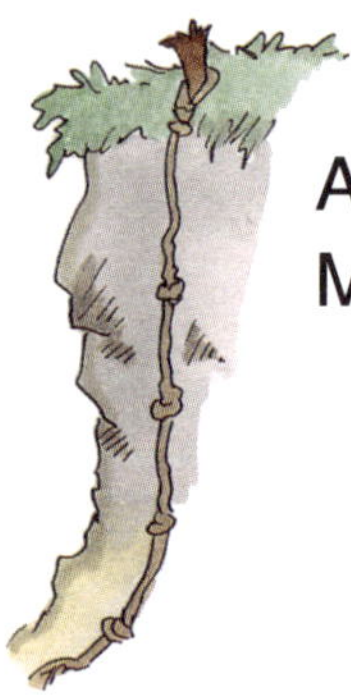

Axt
Messer

Seil
Floß

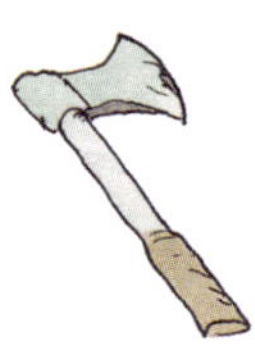

Schatzsuche
Schatzkarte
Schatzhöhle
Schatztruhe

Abenteuergeschichte

Hier kannst du deine Abenteuergeschichte aufschreiben.
Beachte die Tipps unten.

Abenteuergeschichte

Hier kannst du deine Abenteuergeschichte aufschreiben.
Beachte die Tipps unten.

Eigene Lösung

Wenn du eine Abenteuergeschichte schreibst, beachte:

1. Finde eine passende Überschrift.
2. Schreibe eine Einleitung: Wer – was – wann?
3. Schreibe den Hauptteil mit Höhepunkt und Spannungsbogen.
4. Finde einen Schluss mit Abschlusssatz.

Erlebnisgeschichte

Manchmal erlebt man Dinge, die einem ganz viel Angst machen.
Erinnerst du dich an so etwas? Schreibe auf, wie es war.

1. Benutze die **ich**-Form.
2. Suche eine Überschrift.
3. Schreibe in der Vergangenheit.
4. Achte auf einen spannenden Höhepunkt.
5. Beschreibe deine Gefühle.

Erlebnisgeschichte

Manchmal erlebt man Dinge, die einem ganz viel Angst machen. Erinnerst du dich an so etwas? Schreibe auf, wie es war.

Eigene Lösung

Lösungsseite

1. Benutze die **ich**-Form.
2. Suche eine Überschrift.
3. Schreibe in der Vergangenheit.
4. Achte auf einen spannenden Höhepunkt.
5. Beschreibe deine Gefühle.

Reiserätsel

Wo war Pias Familie in den Ferien? Achte auf die gleiche Farbe von Koffern und Kleidung, dann siehst du, was zusammengehört. Trage die passenden Buchstaben in der richtigen Reihenfolge ein.

Lösungswort:

1 2 3 4 5 6

Reiserätsel

Lösungswort:

I	S	L	A	N	D
1	2	3	4	5	6